BEI GRIN MACHT SICH IHR WISSEN BEZAHLT

- Wir veröffentlichen Ihre Hausarbeit, Bachelor- und Masterarbeit

- Ihr eigenes eBook und Buch - weltweit in allen wichtigen Shops

- Verdienen Sie an jedem Verkauf

Jetzt bei www.GRIN.com hochladen und kostenlos publizieren

Manuela Schroll

Unterrichtsstunde: Kennen lernen der Gewichtseinheit Tonne

GRIN Verlag

Bibliografische Information der Deutschen Nationalbibliothek:

Die Deutsche Bibliothek verzeichnet diese Publikation in der Deutschen National-
bibliografie; detaillierte bibliografische Daten sind im Internet über http://dnb.d-
nb.de/ abrufbar.

Impressum:

Copyright © 2007 GRIN Verlag GmbH
Druck und Bindung: Books on Demand GmbH, Norderstedt Germany
ISBN: 978-3-640-35110-7

Dieses Buch bei GRIN:

http://www.grin.com/de/e-book/127712/unterrichtsstunde-kennen-lernen-der-
gewichtseinheit-tonne

Vorüberlegungen

Nach Vorgabe des Lehrplans steht es der Lehrkraft frei, die Einheit Tonne - als eine „nicht konventionelle Gewichtseinheit" – überhaupt im 3. Schuljahr zu behandeln. Das liegt sicherlich daran, dass die Einheit Tonne nicht vornehmlich aus dem alltäglichen Wirklichkeitsbereich der SS stammt und für diese kaum vorstellbar ist.[1] Es bedarf also einiger Beispiele, eine Vorstellung dieser Gewichtseinheit anzubahnen. Der Lehrplan schlägt vor, diese Einheit differenzierend für starke Schüler einzusetzen. Aus diesem Grund hat sich die Lehrkraft im letzten Schuljahr entschieden, auf diese Thematik erst im folgenden 4. Schuljahr - dann mit allen Schülern- in einer kurzen Sequenz von 2 Stunden einzugehen.

1. UE	⅄ Kennen lernen der Gewichtseinheit Tonne
2. UE	⅄ Übung: Rechnen mit Kilogramm und Tonne

Lehrplanbezug

Zielbeschreibung:

Genaue Vorstellungen von Größen auszubilden ist mitunter Aufgabe des Lernbereichs 3.4 Sachbezogene Mathematik: „Gewichte vergleichen sie unmittelbar und durch Auswiegen und erarbeiten sich klare Vorstellungen zu den Gewichtseinheiten g und kg, [...]. In einfachen Zusammenhängen können sie [...] Gewichtsangaben auch in solche zu einer benachbarten Einheit umrechnen sowie addieren und subtrahieren."[2]

---

[1] Vgl. Erber/ Gehring/ Holler: Mathematik in der Grundschule, 1992. S. 70.
[2] Lehrplan für die bayerische Grundschule, 2000. S. 188.

1

Grobziel:

3.4.1 Größen

- Die SS sollen „die Einheit t kennen und anwenden".

Stundenziel:

- Die Schüler sollen eine Vorstellung von der Gewichtseinheit Tonne (t) bekommen und damit rechnen.

Feinziele:

- Die SS sollen ...
    - ihr Vorwissen aktivieren, indem sie bekannte Größen nach Gewicht ordnen.
    - unbekannte Größen schätzen.
    - die Gewichtseinheit t zur benachbarten Einheit kg umrechnen können.
    - ihr erworbenes Wissen über die Größeneinheiten kg und t auf Sachsituationen anwenden.

ZEIT	ARTIKULATION	GEPLANTER UNTERRICHTSVERLAUF	MEDIEN + SOZIALFORM
	I Hinführung Aktivierung des Vorwissens	Freie SS- Äußerungen: „…Gummibärchen, Schokolade, Butter, Becher Margarine, Paket Zucker…" Aufdecken der Gewichtskärtchen: evtl. L deutet auf Kärtchen, gestikuliert fragend. ⇒ SS ordnen die Gewichtsangaben den Kärtchen zu: „Das Gummibärchen wiegt 1 g. …"	Bildkarten + Gewichtskarten als stummen Impuls
8		L: „Nimm dein Mäppchen in die Hand! Schätze, was wiegt dein Mäppchen!" SS: „… ." Überprüfen der Schätzungen mithilfe einer Waage und mündliches Einordnen in die Ergebnisse an der Tafel.	Küchewaage
	II Erarbeitung Teilziel I	Ordnen der Bildkarten nach Einschätzung der Schüler L: „Schätze nun, wie viel … wiegt! Besprich dich dazu mit deiner Gruppe!" Gruppen teilen ihre Schätzergebnisse mit ⇒ Überprüfen durch Zuordnen der Gewichtskarten.	Bildkarten + Gewichtskarten Gruppenarbeit
13	Mündliche Zielangabe	L: „Mit diesen Gewichten wollen wir heute rechnen."	TA: „Wir rechnen mit Kilogramm …"
	Problembe- gegnung	L: „Der LKW hat gerade etwas ausgeliefert und ist auf dem Weg zurück in seine Firma, wo schon eine neue Ladung auf ihn wartet. Vor der Brücke sieht der Fahrer Willi dieses Schild." SS: „…Verbotsschild, darf nicht darüber fahren, … ." L: „Der Fahrer darf nicht darüber fahren! Überlege und erkläre genau, warum!" Als Hilfsimpuls deutet der L auf das Gewicht des LKWs und das Verbotsschild. SS: „Der LKW wiegt 20 000 kg und die Brücke darf aus	Bildkarten
	Aufbau des Begriffs	Sicherheitsgründen nur mit 5 Tonnen belastet werden." L: „Erkläre die Gewichtseinheit t. Wie verhält es sich mit kg und t! Evtl. Hilfsimpuls: „Denke an m und km! Ähnlich ist es auch bei kg und Tonne!" SS: „1000 kg sind eine Tonne!"	

3

		⇒ L hält an Tafel fest	
		L: „Komm heraus und zeige mir, was in etwa eine Tonne wiegt!	
		SS deuten und verbalisieren: „Die Klasse 4a wiegt etwa eine Tonne! … Ein kleiner PKW wiegt etwa eine Tonne!"	
		⇒ L umrandet die beiden Bildkarten farbig	
	Problemlösung	L: „Der LKW steht immer noch vor der Brücke! Erkläre nun mithilfe der Informationen, die du gerade bekommen hast, ob der LKW über die Brücke fahren darf!"	
		SS: „1000 kg = 1 t, 2000 = 2t, … 20000kg = 20t. Man darf aber nur mit einem Gewicht bis zu 5t darüber fahren. Der LKW muss einen Umweg nehmen!"	Tabelle kg – t Tafelseite links
23		⇒ L trägt in Tabelle ein.	Ergänzen der Tafelanschrift : …und Tonne."
28	kleine Übung um Größen- vorstellung weiter anzubahnen	L: „Auf diesem Arbeitsblatt lernst du weitere „schwere Gewichte" kennen! Ordne der Größe nach, beginne mit dem kleinsten Gewicht! Bespreche dich mit deinem Partner. 1 Kind notiert auf den Rechenblock!"	AB in Partnerarbeit Folie + OHP
		!!! Arbeitsblatt wird hier differenzierend eingesetzt! Leistungsstarke SS sollen mit Klassengewicht vergleichen. ⇒ Auswertung der Partnerarbeit in der Klassengemeinschaft am OHP.	
	Teilziel II Rechnen mit kg und t	L: „Der LKW- Fahrer Willi musste einen Umweg fahren, ist aber wieder in der Firma angekommen. L deckt das weitere Tafelbild auf und deutet vergleichend auf die beiden LKWs auf der Waage ⇒ SS – Äußerungen: „Einmal ist der LKW beladen, einmal ist er leer." L deckt Tabelle auf: „Welche Angaben hast du? Ordne die Informationen, die dir die Bilder geben, den Begriffen der Tabelle zu!" ⇒ SS ordnen zu. L: „Überlege und erkläre, wie berechnest du das Gewicht der Ladung?" SS: „Ich ziehe das Leergewicht vom Gesamtgewicht	

		ab, dann erhalte ich das Gewicht der Ladung!"	Tafelseite rechts
		⇒ L gestaltet Rechenbaum mit.	Rechenbaum
31		L: „Erkläre noch einmal, wie du das Gewicht der Ladung berechnest!"	
		L hängt Gewichtsangaben in die Waagenanzeige ⇒	
		SS: „Beladen wiegt der LKW 32800 kg und ohne Ladung 21800 kg. Trage richtig ein!"	
33		⇒ SS tragen ein.	
		L: „Wie viel kg Weizen hatte der LKW geladen? Rechne auf deinem Rechenblock!"	
		- !!!! Hier wird differenzierend gearbeitet: sowohl mit schwachen SS an der Tafel als auch mit starken SS, die die Sachaufgaben auf der Rückseite lösen sollen (Selbstkontrolle)!	
		L: „Diktiere mir die Rechnung und erkläre, wie du gerechnet hast!"	
40		SS: „Ich habe von 32800 kg 21800 kg ab. Die Ladung wiegt 10 000 kg."	
		L: „Der Fahrer muss das Gewicht in eine Tabelle eintragen. Er hat keinen Platz, um dort 10 000 kg einzutragen! Du hast bestimmt einen Tipp für Willi, den LKW- Fahrer!"	OHP + Folie
		SS: „Er kann ebenso gut 10 t eintragen!"	
		L: „Das alles brauchst du, um die Mathematikaufgaben in deinem Buch lösen zu können! Rechne als Hausaufgabe S. 44 Nr. 2+3. Zeichne dazu eine Tabelle wie du sie im Buchs siehst	
45		und trage dein Ergebnis ein!"	

Geplantes Tafelbild: Außentafeln

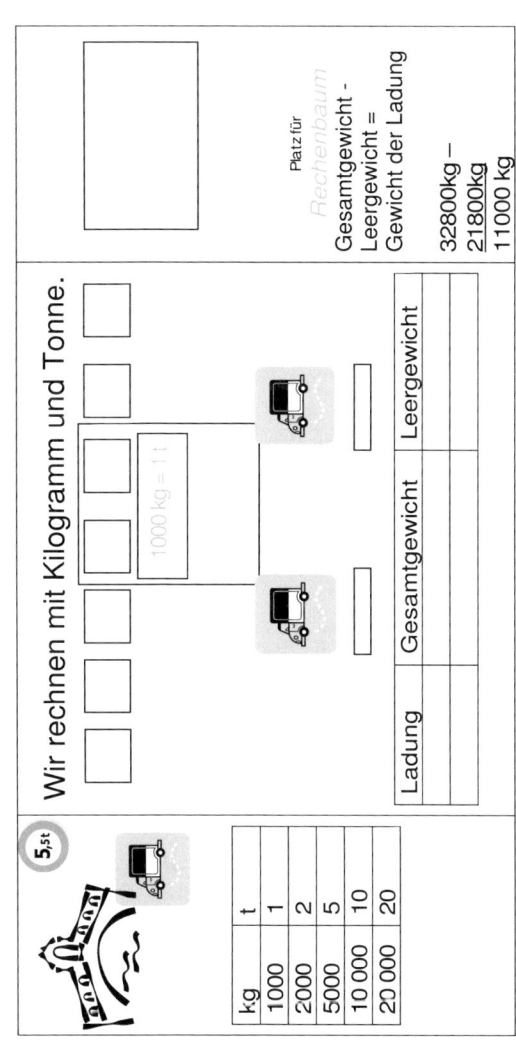

Wir rechnen mit Kilogramm und Tonne.

1000 kg = 1 t

5,5t

kg	t
1000	1
2000	2
5000	5
10 000	10
20 000	20

Ladung	Gesamtgewicht	Leergewicht

Platz für
Rechenbaum

Gesamtgewicht -
Leergewicht =
Gewicht der Ladung

32800kg –
21800kg
11000 kg

Verschiedene Gewichte

Ordne nach Gewicht!

a.

Betankter Jumbojet	363 t
Kühlschrank	40 kg
Linienbus	17 t
Mondrakete Saturn	2837 t
Rettungswagen	3 t 500 kg
Straßenbahn	50 t
Waschmaschine	95 kg

b.

Bär	800 kg
Blauwal	130 t
Elefant	4 t
Nashorn	2 t 400 kg
Pottwal	53 t
Seelöwe	90 kg
Tiger	350 kg

1. Vergleiche die Größenangaben von Nr. 1 (die in t!) mit dem Gewicht einer Schulklasse (der Klasse 4a) als Einheit!

Beispiele:
- o 363 Schulklassen wiegen so viel wie ein betankter Jumbojet!
- o 53 Schulklassen wiegen in etwa so viel wie ein Pottwal!

- o _____
- o _____
- o _____
- o _____
- o _____
- o _____
- o _____

Sachaufgaben: Rechne auf dem Blatt!

1) Ein Lastwagen wiegt unbeladen 4 t 700 kg. Mit einer Kiste beladen wiegt er 5 t 450 kg. Wieviel wiegt er, wenn er mit 3 dieser Kisten beladen ist?

2) Ein Lastwagen, der mit 26 gleichschweren Kisten beladen ist, wiegt 3542 kg. Unbeladen wiegt er 1956 kg. Wieviel wiegt jede Kiste?

3) 3 Kisten wiegen zusammen 110 kg. Die zweite Kiste wiegt doppelt so viel wie die dritte. Wie schwer ist die dritte Kiste?

Kontrolliere dich selbst nach jeder Aufgabe! Die Lösungen findest du rechts an der Hausaufgabentafel (grüner Zettel).

1) Lastwagen <u>mit einer Kiste</u> beladen: 5t 450 kg

    Lastwagen <u>unbeladen</u>: 4 t 700 kg

Ladung	Gesamtgewicht	Leergewicht
1 Kiste	5 t 450 kg	4 t 700 kg

Rechenweg:

Gewicht <u>einer</u> Kiste =

    5 t 450 kg

    <u>- 4 t 700 kg</u>

    750 kg

Gewicht <u>3</u> Kisten =

750 kg + 750 kg + 750 kg = **2250 kg**

Variante 1:

<u>Leergewicht LKW + Gewicht 3 Kisten:</u>

    4 t 700 kg

    <u>+ 2 t 250 kg</u>

    6 t 950 kg

Variante 2:

<u>Gesamtgewicht des LKW mit 1 Kiste +</u>

<u>Gewicht 2 Kisten:</u>

    5 t 450 kg

    <u>+ 1 t 500 kg</u>

    6t 950 kg

Der LKW wiegt mit 3 Kisten beladen 6 t 950 kg.

10

2) Lastwagen <u>mit 26 Kisten</u> beladen: 3t 542 kg

Lastwagen <u>unbeladen</u>: 1 t 956 kg

Ladung	Gesamtgewicht	Leergewicht
26 Kisten	3t 542 kg	1 t 956 kg

Rechenweg:

Gewicht 26 Kisten = Gesamtgewicht – Leergewicht:

3 t 542 kg

<u>- 1 t 956 kg</u>

<u>1 t 586 kg</u>

Gewicht **einer Kiste:** 1 586 kg : 26 = **<u>61 kg</u>**

Eine Kiste wiegt 61 kg.

---

3) 3 Kisten wiegen 110 kg

Nr. 1 = 50 kg

$\Rightarrow$ Nr. 2 + 3 = 60 kg

$\Rightarrow$ Nr. 2 = 2 x Nr. 3

$\Rightarrow$ Nr. 3 = ?

Überlegung: Nr. 2 + Nr. 3 gleichschwer = 60 kg : 2 = 30 kg

Nr. 2 = 30 kg <u>+ 10 kg</u> = 40 kg

Nr. 3 = 30 kg <u>– 10 kg</u> = **<u>20 kg</u>**

$\Rightarrow$ Nr. 2 = 2 • 20 kg = 40 kg

Kiste Nr. 3 wiegt 20 kg.

1. Mondrakete   2837 t

   Saturn

2. Betankter   363 t

   Jumbojet

3. Straßenbahn   50 t

4. Linienbus   17 t

5. Rettungswagen   3 t 500 kg

6. Waschmaschine   95 kg

7. Kühlschrank   40 kg

1. Blauwal   130 t

2. Pottwal   53 t

3. Elefant   4 t

4. Nashorn   2 t 400 kg

5. Bär   800 kg

6. Tiger   350 kg

7. Seelöwe   90 kg